献给兰。 ——莫伊拉·巴特菲尔德

献给每一个保有好奇心的人。 ——吴欣芷

江苏省版权局著作权合同登记 图字：10-2024-249 号

图书在版编目（CIP）数据

我的地球大书：写给孩子的地球探索50问 / (英) 莫伊拉·巴特菲尔德著；吴欣芷绘；阳亚蕾译.
南京：南京大学出版社，2024.9. -- ISBN 978-7-305 -28318-5
I. P183-49
中国国家版本馆CIP数据核字第20248Z58K1号

出版发行 南京大学出版社
社　　址 南京市汉口路 22 号　邮编 210093
项 目 人 石　磊
策　　划 刘红颖
项目统筹 筑桥童书

WO DE DIQIU DASHU XIE GEI HAIZI DE DIQIU TANSUO 50 WEN
书　　名 我的地球大书 写给孩子的地球探索 50 问
著　　者 ［英］莫伊拉·巴特菲尔德
绘　　者 吴欣芷
译　　者 阳亚蕾
责任编辑 邓颖君
特约策划 孙铮韵
装帧设计 浦江悦

印　　刷 鹤山雅图仕印刷有限公司
开　　本 635mm×1020mm 1/16 开　印　张 5 字　数 100 千
版　　次 2024 年 9 月第 1 版　印　次 2024 年 9 月第 1 次印刷
ISBN 978-7-305-28318-5
定　　价 108.00 元

网　　址：http://www.njupco.com
官方微博：http://weibo.com/njupco
官方微信号：njupress
销售咨询热线：（025）83594756

我的地球大书

写给孩子的地球探索 50 问

[英] 莫伊拉·巴特菲尔德/著 　　 吴欣芷/绘 　　 阳亚蕾/译

南京大学出版社

砰！
每时，每刻，
我们的脑袋里都会
冒出许多问题——
关于地球上的一切，
以及群星璀璨的星空。

为什么？

怎么做？

是什么？

在哪里？

我们的地球

地球是什么？

　　我们的地球表面主要由岩石、水、大气等组成，地球悬浮在太空当中，看起来就像一颗不透明的蓝绿色玻璃弹珠。月球就像一颗灰色的砾石小球，围绕着它转动。地球是我们所生活的世界，我们也把它叫作……

我们的家园。

地球是由什么构成的？

地球由许多层构成，它就像一颗表面涂满巧克力的麦丽素，还是冰激凌和太妃糖夹心馅儿的。

最外面一层厚厚的岩石叫作"地壳"，我们现在就站在地壳上面。

往里的一层岩石非常烫，有一部分已经融化了，像酱汁一样流来流去。再往里，是一层流动的金属，这部分温度非常高，就像黏稠的糖浆。

在地球中间，是一个巨大的、由金属构成的固体圆球，它的温度高到超出我们的想象——也就是说，地球之心在燃烧。

地壳

炽热的岩石

像酱汁一样的、
融化的岩石

像黏稠的糖浆
一样的、流动
的金属物质

固态金属物质

9

地球是什么形状的？

地球是球形的，但不是像皮球那么圆。它的顶部和底部较平，中间部分鼓起——看上去更像个葡萄柚。想象一下，你变成了一个巨人，正用手指触摸着地球：你能感受到隆起的高山、幽深的峡谷，还有那一望无际的平原和蜿蜒的河流。

地球有多大？

如果乘飞机环绕地球赤道一圈，大约要两天时间，
开车就需要近一个月，步行则要花上好多年。

天大地大，用脚步去丈量，
用眼睛去发现！

地球最中间的圆周线长达40 075.02千米，我们叫它"赤道"。

赤道并不是一条真实存在的线——它是我们想象出来的，就像一条围在地球肚皮上的腰带。

40 075.02千米

从地球到月球有多远？

　　月球是我们的邻居，但它离我们一点儿也不近——地球和月球之间的距离大约有38.44万千米。如果搭乘高速太空火箭从地球出发，需要大约三天才能到月球；如果按照汽车的速度，即使一刻都不停，也要开上整整六个月呢！

　　在那些月明如昼的时候，水坑里反射出月亮的倒影，就好像它从天上滚落了下来，出现在你脚边。

月球上沙石遍地、坑坑洼洼。你有时可以看到月球的表面有黑色斑块，
那些就是颜色特别深的岩石。

我们周围的大陆

最高的山峰叫什么？

珠穆朗玛峰是地球上最高的山峰。这里人迹罕至、气候恶劣、终年积雪，到处都是锯齿状的峭壁和冰崖。因为它高耸入云，所以当我们站在峰顶，似乎就可以够到飞过的飞机。

珠穆朗玛峰海拔8848.86米。如果你站在山峰上放眼远眺，能够看到更多的山环绕着你。这些山被统称为喜马拉雅山脉。

最大的森林在哪里？

横跨北美洲、欧洲和亚洲的北方森林是世界上最大的森林。它广阔无垠，就像一条长满了冷杉树的长披巾，包裹着地球北部的高纬度地区。

这里生活着熊、驼鹿、驯鹿、猫头鹰、狐狸、野兔和狼等动物。

最热的地方在哪里？

美国死亡谷的气温曾创下地球上最高温度的纪录。它就像个正在烤饼干的烤箱，是地球上最热的地方之一。

当你站在死亡谷贫瘠、干燥的土地上时，灼热的空气会逐渐升起，将你团团围住，让你视野里的景物变得扭曲。

死亡谷位于美国的加利福尼亚州。尽管极度炎热，仍然有鸟类和蛇类在那里安家。那里还住着沙漠陆龟和长着盘曲特角的大角羊。

最冷的地方在哪里？

南极洲是地球上最冷的地方，它位于地球的最南端。

这里比冰箱里还要冷，如果你穿着平常穿的衣服，很快就会冷得直发……发……发抖。过不了多久，你就会被冻……冻得像个雪……雪……雪人。

北极有个北极点，如果你站在这儿，你就在地球上最北的地方。
南极有个南极点，如果你站在这儿，你就在地球上最南的地方。

地底下有什么？

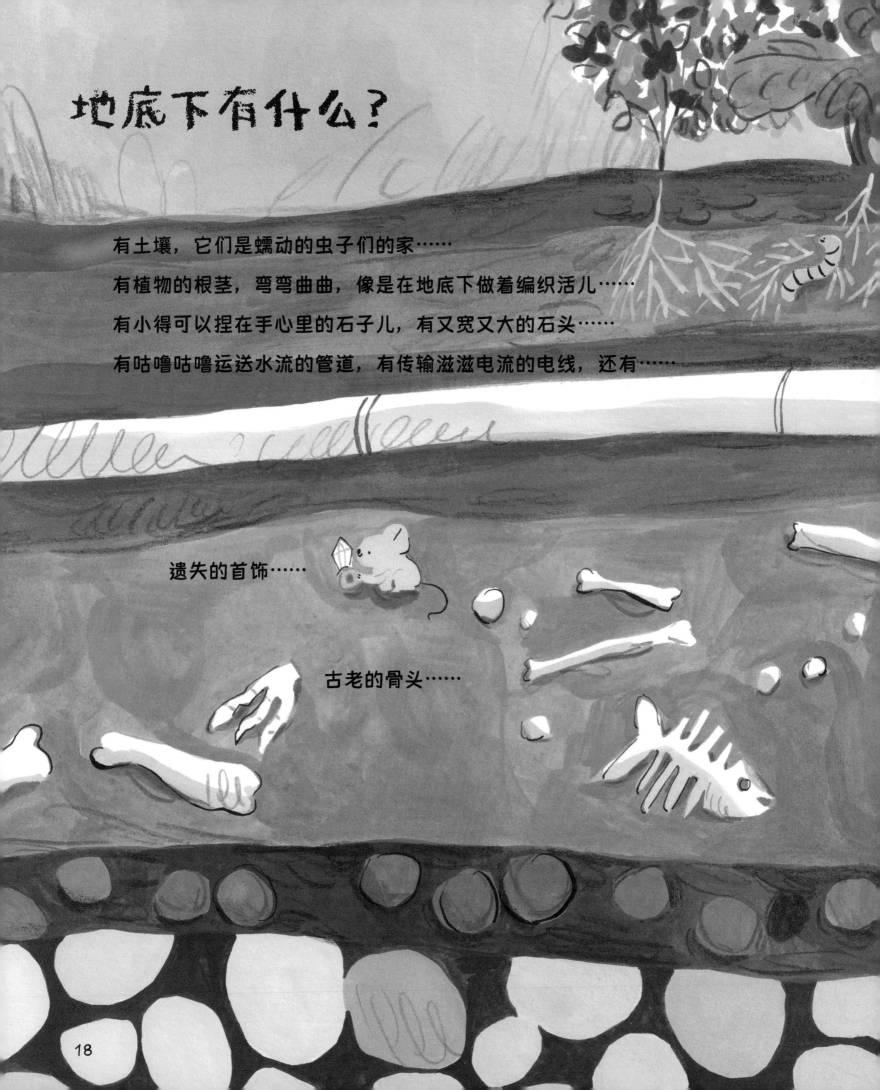

有土壤，它们是蠕动的虫子们的家……

有植物的根茎，弯弯曲曲，像是在地底下做着编织活儿……

有小得可以捏在手心里的石子儿，有又宽又大的石头……

有咕噜咕噜运送水流的管道，有传输滋滋电流的电线，还有……

遗失的首饰……

古老的骨头……

18

破碎的瓷器……

被埋藏的宝藏……

金银财宝……

可能还有
钻石。

谁生活在两极？

企鹅生活在南极，不会到北极去；北极熊生活在北极，不会到南极去。人类两个地方都会去。

企鹅可以抵御南极的风暴。

北极熊能跨越北极的浮冰。

动物们无处不在！即便在植被最稠密、最繁茂的丛林中，也能发现它们的踪迹。

海　　　洋

什么是海洋?

　　海洋是环绕地球流动的水体，它咸咸的，环绕着沙滩和悬崖，也环绕着岩石和渔船。

　　如果你把脚伸到海水里晃一晃，它还会流过你的脚趾。

在地图上，我们把地球上的海水区域分为四大洋——
北冰洋、太平洋、大西洋和印度洋。

什么是海浪？

海浪是海水的波浪现象，忽上忽下，就像
一条起伏的蛇。

开花浪

风吹过来 ⟶　　　浪变大了

风吹过咸湿的海水表面，在水
面上掀起波浪。海浪时而温柔，时
而强劲，它们高高涨起，像手指一样蜷
曲起来。紧接着……哗啦！它们撞向海岸，
浪花飞溅——好像那只手用力拍了下去。

人类的冲浪最高纪录是24.38米，相当于8层楼那么高。

24

为什么海水是咸的？

海水中的盐分来自地球上的岩石。水流日复一日地冲刷着岩石，不断拍击、摩擦，使它们变得支离破碎。

岩石中的盐分就这么混入水中。当你在海里游泳时，可能会尝到盐的咸味。这就是大海的味道！

河流里也含有盐分，但盐分很少，舌头尝不出来。
当所有的河流流入大海，盐分也被带入海中。这就是为什么海水会更咸一些。

谁生活在海底?

海底生活着许多动物，有的游水，有的滑行，有的爬来爬去、摇摇摆摆……

马夫鱼

小丑鱼

狗鲨

石鲈

黄貂鱼

乌贼

深海龙鱼

鲶鱼

鲳鱼

银鱼(瓜添鱼)

鹦嘴鱼

红钻石鱼

红色长手鱼

水母

角箱鲀

路易斯安那蝙蝠鱼
(煎饼鱼)

白条双锯鱼(番茄小丑)

豆娘鱼

壁鱼(青蛙鱼)

克氏双锯鱼
(双带小丑)

锯头平鲉

斑马鱼

竹荚鱼

**这只是一小部分！你还
知道其他海洋动物吗？**

海底深处有什么?

地球不同地方的海底景观千差万别。有些地方的海底生长着树杈状的珊瑚暗礁,里面住着许多小鱼;还有些地方遍布着岩石和滑溜溜的海草(这里是螃蟹藏身的好地方)。海洋的深处,是平坦的泥巴地,会发光的鱼在这里游动,像一盏盏小彩灯点亮了黑暗。海床上甚至还有山脉,它们像陆地上的山脉一样高耸,在高山下面,有着非常非常深的海沟。

海洋里最深的地方叫作马里亚纳海沟。
它有多深呢?世界第一高峰珠穆朗玛峰也可以被轻松地装进里头。

植 物

29

地球上有多少种植物？

地球上有数以万计的植物——光滑的、带刺的、有气味的、带褶的、长条纹的、带斑点的、黏糊糊的、汁水丰富的，当然，还有尝起来可口的！

我们在地球上已经发现了35万余种植物，但或许仍有许多植物尚未被我们知晓。

植物们"吃"什么？

植物会自己制造食物，不过它们得从外面获得原料，就像你得有食材才能烤蛋糕一样。

1. 温暖的阳光和空气中的气体 —— 植物用叶片吸收它们。

2. 水和矿物质（营养来源）—— 植物用根茎从土壤中汲取。

当植物获取了所需的营养物质，它就会生产出含糖含水的食物，帮助自己慢慢……慢慢……越长越大！

植物无时无刻不在帮助我们呼吸。它们在制作自己的食物时，也生产出了一种叫氧气的气体，将它排回空气中。我们人类呼吸的时候需要氧气——现在，深吸一口气，对植物们说声谢谢吧！

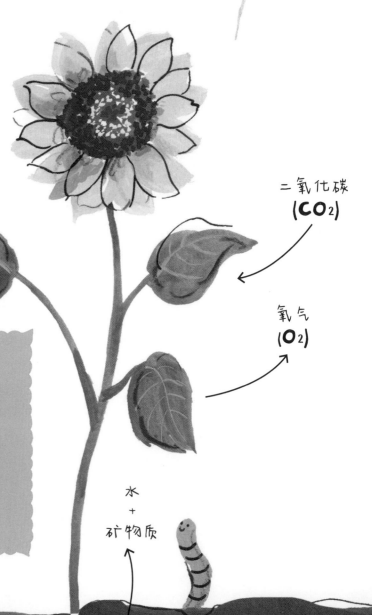

二氧化碳 (CO_2)

氧气 (O_2)

水 + 矿物质

花朵有什么作用？

花朵会结出种子，种子散播开来，又会长出新的植物。许多动物也会参与进来，例如毛茸茸、嗡嗡叫的蜜蜂们。

花蜜和花粉

1. 花朵会分泌出一种叫花蜜的液体，它还会分泌少量的花粉。

2. 当蜜蜂来采花蜜的时候，花粉就会沾到它的身上。

3. 等蜜蜂飞到另外一朵花上，花粉刚好从它身上掉落。

4. 要结出种子，花朵需要得到与它相同种类的花的花粉。

蜜蜂把花粉带到各个地方，这是非常了不起的"工作"。嗡嗡嗡！

鸟儿、蝙蝠、蝴蝶，还有甲虫也会帮助花朵传播花粉。

最大的植物叫什么？

植物中最大的就是树。一些树可以长得像塔那么宽、像市政大楼那么高，你需要用绳索才能攀上去，就像在登山一样。

我们发现现存最高的树是一棵北美红杉，它生长在美国加利福尼亚州，高度超过116米。它还有自己的名字：亥伯龙神。

但世界上现存最大的树并不是亥伯龙神，另一棵名叫雪曼将军的巨杉比它体积更大。雪曼将军同样生长在美国加利福尼亚州，人们估计它的重量已超过1900吨——差不多就是130辆大卡车那么重！它是世界上最重的一棵树。

最小的有花植物叫什么？

无根萍是一种浮萍，也是世界上最小的有花植物。它的叶片还没有一粒米大。

你常能在池塘上看到浮萍，它们大片地蔓延开来，就像一条盖在水面上的绿毯子。鸭子们一头扎进水里，衔回满嘴浮萍。

为什么叶子有时会变颜色？

在秋、冬季节，一些树的叶子会从树上落下来；到了春天，新的叶子就会长出来。随着叶子的枯萎，叶片内的成分会慢慢地发生变化。这也是为什么它们的颜色会从盛夏时的翠绿，变成火一般的红。最后，它们会像纸片一样飘落。这些干枯的落叶一踩就碎，发出嘎吱嘎吱的声音。

动物

地球上有多少种动物？

地球上的动物太多了，我们不可能一个个地去数它们的个数，但是我们可以知道动物有哪些种类……

爬行类，比如长着鳞片的蛇；昆虫，比如嗡嗡叫的蜜蜂；鱼类，比如窜来窜去的鲦鱼；鸟类，比如猫头鹰；还有哺乳类，比如你和我。

还有许多其他种类的动物，比如蜗牛、青蛙，还有蠕虫。地球上一共有多少种动物呢？

准确的数字数不清！

地球上大约生活着800万种动物，没有人知道动物种类的确切数字。

动物们白天都在做什么？

有的忙着寻找食物；

有的忙着做窝；

有的忙着照顾自己的宝宝；

有的在休息，夜里它们才会醒来；

有的在疾驰，在飞翔，在游泳……

还有一个，在此时此刻——正在读这本书。

动物们会睡觉吗？

动物们也需要休息。

如果你是一只仓鼠，你就在窝里睡觉。

如果你是一条鱼，你就一边游泳一边睡觉。

如果你是一只狐狸，你就在树洞或土穴里睡觉。

如果你是一只蝙蝠，你就倒挂着睡觉。

如果你是一匹马，你就站着睡觉。

如果你……就是你自己，那就舒舒服服地睡在床上吧！

ZZZZZ

考拉是地球上最能睡的动物，每天大概只有两个小时是醒着的。

动物们之间会交流吗？

动物们会用不同的方式彼此传递信息。

考拉会吼叫。

许多鸟儿会"啾啾"叫，但鸵鸟是"呜呜"叫的。

海豚会发出"咔嗒""吱吱"的响声，还会发出哨音。

鳄鱼会发出"咝咝"的叫声！

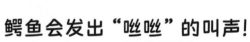

动物们会玩耍吗?

所有动物都会玩耍,尤其是当它们还小的时候。

小羊羔跳跃着,
踢着它们的小蹄子。

小狗们互相打闹。

小猫在打滚。

小马驹
在风里飞驰。

追尾巴、抢棍子、假装打架
(但不能真的伤害彼此),最后成
了好朋友——没有什么比这更好
玩了!

地球上最大的动物叫什么？

蓝鲸——它们像潜水艇一样在海中穿梭。

一头成年蓝鲸的长度相当于五头排成一列的非洲大象，或是两辆首尾相接的大巴。它比地球上曾经生活过的恐龙都要大，但它很温柔，就像带着孩子的父母一样。

蓝鲸在地球上的各个海域都存在。它们能够通过发出比喷气飞机还要大的声音在水下彼此交流，即使相隔数百千米，它们也能听到同伴的呼叫。

地球上最小的动物有多少？

微型动物——这些动物就像尘埃一样微小，生活在水里或是土壤里。

它们中有些看起来就像超小号的虾或者蜘蛛，有些就是一团滑稽的、怪里怪气的小圆球，长着腿和卷曲的尾巴，还有毛茸茸的脑袋。

微型动物实在是太小了，你需要用显微镜才能看清。
它们的种类大概有数百万之多，没有人知道确切的数量。

动物宝宝们叫什么？

小鸟宝宝叫雏鸟。

小象宝宝叫象犊。

小熊宝宝叫熊崽。

豪猪宝宝叫……嗯……呃……
等一等……想起来了：
豪猪崽。哈哈！

地球上有多少人？

地球上有大约80亿人。

如果我们全都手拉手，站成一排，能绕地球好几百圈。

为什么每个人都长得不一样？

每个人看上去都有很多不同：

我们有不同的身高、不同的体型和不同的面庞。

我们的发型、穿着打扮以及说话的方式也都不同。

我们就像画画的颜料，五颜六色，如此不同，这真是太棒了！因为，当我们合在一起就能画出美丽的图画！

人们是怎么打招呼的？

人类发展出了非常多的语言，也有非常多种打招呼的方式。

HI（英语）

Hej（瑞典语）

Hola（西班牙语）

目前世界上估计有6500多种语言。单是向人问好，就有这么多方式呀！

SELAMAT PAGI（印尼语）

Привéт（俄语）

51

人体是由什么构成的？

人体是由各种各样的组织构成的：骨骼塑造了你身体的形态（没有骨骼，你看起来就会像一团果冻）；皮肤兜住了你的内脏；心脏为血液的流动提供动力；身体；心脏为血液流经你的大脑让你能够思考……

大脑：会给身体的其他部分发送指令，告诉它们需要做什么。

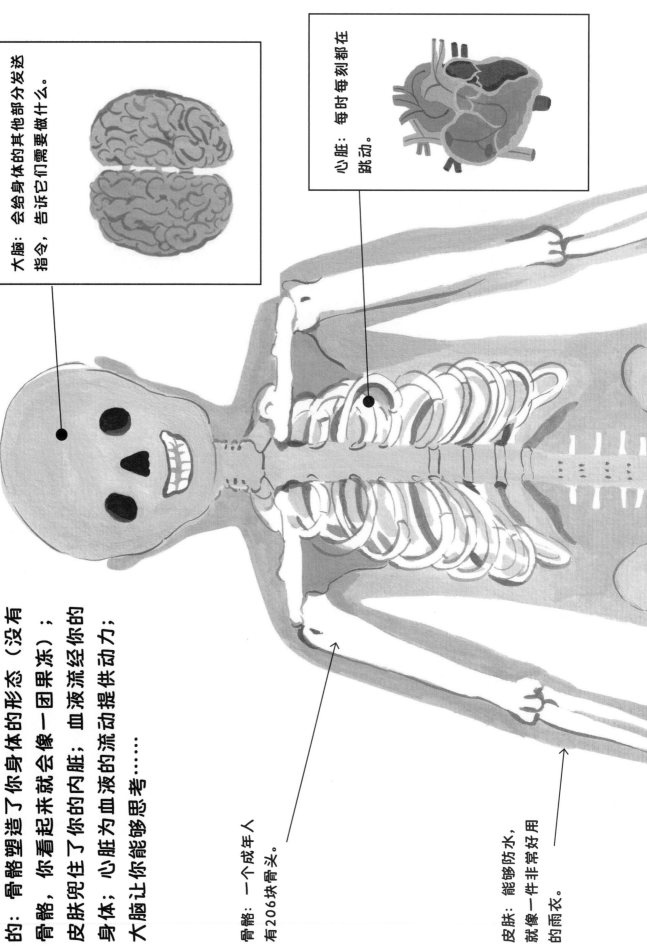

心脏：每时每刻都在跳动。

骨骼：一个成年人有206块骨头。

皮肤：能够防水，就像一件非常好用的雨衣。

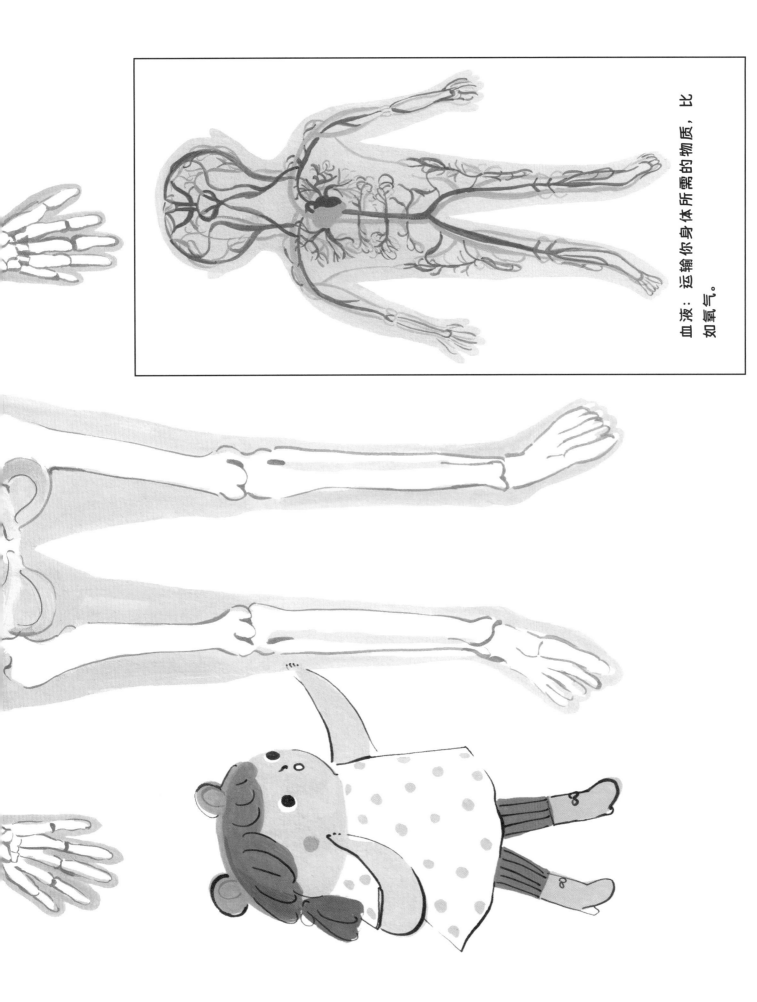

血液：运输你身体所需的物质，比如氧气。

这些（以及其他毛茸茸、软乎乎、疙疙瘩瘩、弯弯曲曲、怕痒痒的部分）构成了完整的你！

人们都擅长什么？

    我们人类不能像猎豹那样跑得那么快，也不能像鸟儿那样飞翔，或者像蜘蛛那样攀爬，但我们可以做很多、很多事情……

我们有人会唱歌。

有人会演奏音乐。

有人会跳舞。

有人会画画。

有人能搞发明。

有人擅长运动。

有人懂得建造。

有人善于修理。

甚至有人还去过太空。

    有一件事我们所有人都能做，那就是对彼此友善。我们可以每天都这么做！

天　气

天空中有什么？

　　天空中主要是空气，其中也含有水汽以及飘浮的尘埃微粒。

　　我们其实被天空包裹着，它延伸向上……向上……向上……超过最高的山峰，一直到达太空。那里就是天空的尽头。

风就是流动的空气：风转着圈，打着旋儿，吹跑了你的帽子！

　　空气由"气体"组成。气体由极小的叫作"分子"的成分组成。你看不到分子，但如果你朝手背吹一口气，能感觉到它们在流动。

云是由什么构成的？

云是由水汽构成的：它们的形状会随风变化。

云朵有时会看起来像我们身边的东西……

像一顶帽子，一条鱼，或者一匹马！

积雨云：呈巨大团状出现在天空中。有时它们会带来降雨。

层积云：低低的一层或一团蓬松的云，有白色的、灰白色的或灰色的。

雨是怎么形成的？

1. 河流和大海表面的水蒸发变成水蒸气，在高空遇到冷空气，又凝聚成小水滴。

2. 小水滴在云里互相碰撞，变成更大的水滴。

3. 水滴大到空气托不住了，于是从云中落下来，就形成了雨。

……那么雷声呢？

雷声是闪电快速射向地面时发出的声响。闪电落下时会产生极度高热，空气急剧膨胀，就发出了这样的声响。

闪电是在云层中形成的，云中带电的小水滴、冰粒相互碰撞，产生电流。
因此，闪电是从云层中射出的快速电流。

……那么雪呢？

当温度变得非常低（冷到让人牙齿打战、浑身发抖），云团里的水就会变成冰——一种叫作冰晶的小冰粒。冰晶黏附在空气中的灰尘上，聚合在一起，就形成了雪花。

雪花越来越重，从天空中落下来，把大地变成白茫茫一片。

天空为什么是蓝色的？

晴天时，太阳光会让天空呈现出蓝色。阳光由不同颜色的光混合而成，就像调色盘上的颜料：有红色、橙色、黄色、绿色、青色、紫色，当然还有蓝色。

蓝色！蓝色！多么漂亮的蓝色啊！

太阳光束射向地球，遇到空气中的分子时会被反射，然后被分解成不同的颜色，向四面八方散射。哪种颜色的光散射强度最厉害？哪一种颜色让天空呈现出它的颜色？

蓝色！蓝色！当然是美丽的蓝色呀！

在日出和日落的时候，太阳光束散射的程度不一样，天空看起来就是红色和橙色的。

什么是彩虹？

　　有时，太阳光穿过雨滴，我们就能看到光的颜色。雨滴就好像是一面面小镜子：它们把光反射成七彩的条带，然后天上就会挂起彩虹——一道由太阳光形成的绚丽"拱桥"。

太空里面有什么？

有太阳，一颗巨大的炽热的恒星：它由燃烧的旋涡状气体组成。

有其他恒星：它们也非常巨大，但是从地球上看，它们只是一些小点。

有行星：它们围绕恒星转动。我们的地球就是一颗行星，围绕太阳转动。

有卫星：它们围绕行星转动。地球有一颗自己的卫星——月球。

还有其他许多漂浮的物质……岩石与冰块，云团与尘埃……哦，还有一大片一大片几乎真空的空间。太空真是广阔无垠呀！

谁住在太空里?

有人想象，太空里可能会有像果冻一样的怪兽，长着许多触手和眼睛，也可能只是些像你我一样的人（除了他们闪闪发光的脑袋和闪着蓝光的耳朵……）。迄今为止，我们还没有找到任何外星居民，但太空里还有许多有待探索的地方——所以我们暂时还不能下定论!

为什么太阳会升起和落下？

太阳似乎总会在清晨升起，在夜幕降临时落下。很久以前，人们以为太阳被马匹拉着在天上移动……但事实上，真正运动的不是太阳，而是地球，是我们！

星星白天都去哪儿了？

星星们哪儿也没去——它们日日夜夜都散发着光芒。
白天你看不到它们，是因为天空太亮了！

夜晚没有云的时候，我们在地球上能看到许多星星。科学家们看到的星星更多，因为他们有能看得更远的天文望远镜。

天空到了晚上为什么会变黑？

地球围绕太阳运动被称为公转。绕一圈，就是一年的时间。

在公转的同时，地球也会自转——一次自转，就是一个白天和一个夜晚。

地球自转一圈需要24小时。

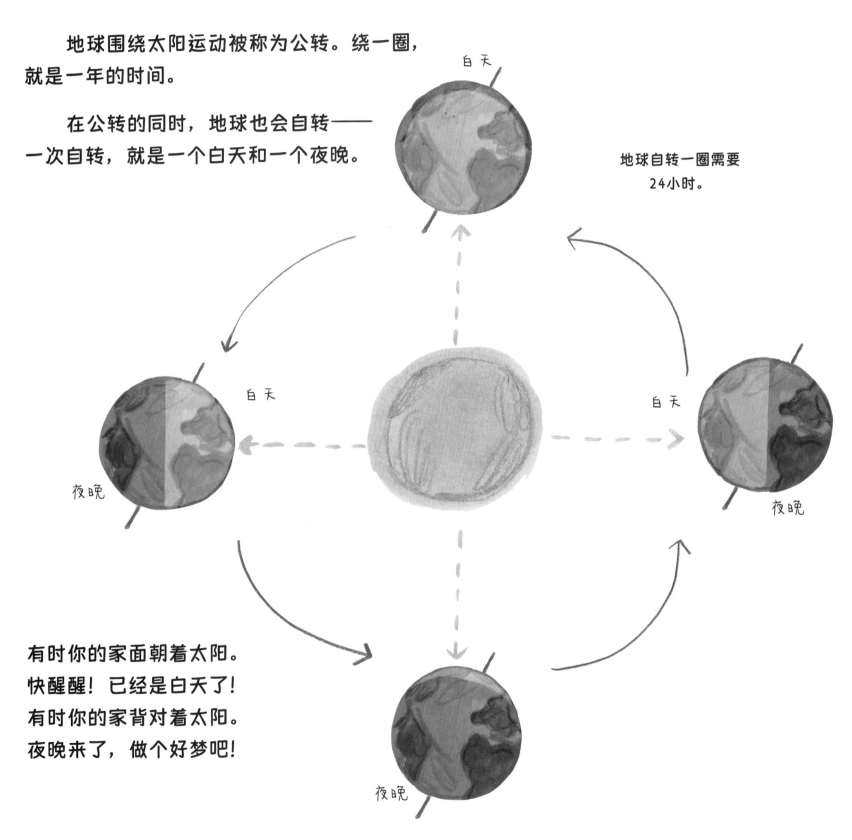

白天

白天

夜晚

白天

夜晚

夜晚

有时你的家面朝着太阳。
快醒醒！已经是白天了！
有时你的家背对着太阳。
夜晚来了，做个好梦吧！

我们感觉不到地球转动，因为我们正以同样的速度和它一起转动。

太空闻起来是什么气味的？

航天员们说太空闻起来就像在闻金属，有一点儿像钉子或炖锅散发的气味。

经过科学家的探测，我们知道有些星球上的气体很难闻，就像醋和臭鸡蛋混在了一起。知道还有哪里不太好闻吗？空间站和宇宙飞船！

在太空里感觉怎么样？

在太空中漫步就像在漂浮一样，所以航天员们会先在地球上的游泳池里训练。

下一次你去游泳的时候，记得戴上你的充气臂圈，这样你就能浮起来，然后想象自己是一名航天员。

"控制中心。能听到我说话吗？我正朝舱外走。我即将开始太空漫步！"

1961年，人类第一次进入太空。那个航天员名叫尤里·加加林，当他俯瞰整个地球，不由得赞叹，这景象真是太壮观了。

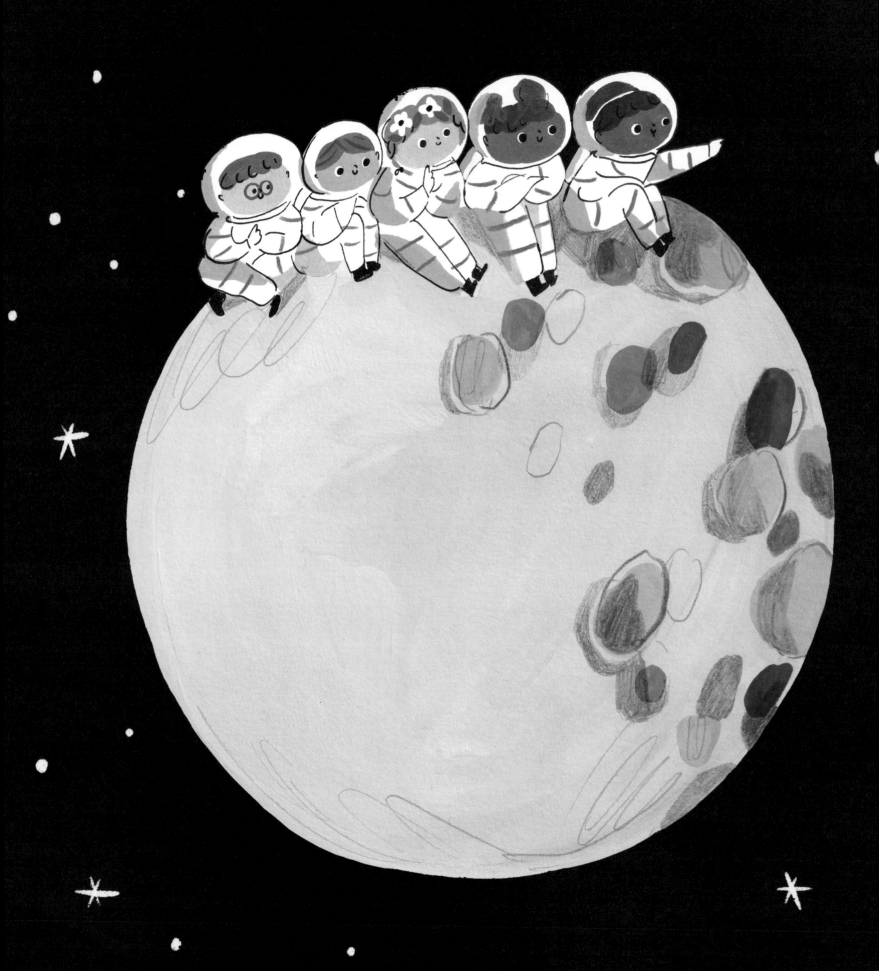

我们能去太空度假吗？

目前还不能——但也许在将来的某天，月球上会建起一座酒店。那里可能不会有海滩，只有岩石。人们可能不会穿泳装，而是穿航天服。但是，你将有机会看到一些真正特别的东西……

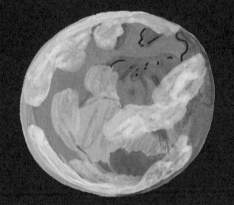

在你的窗外，就是地球。

砰！
每一天，我们的小脑袋里总会冒出许多大问题……
但是现在我们也有了一些答案。
我知道是什么！
我知道在哪里！
我知道为什么！
我知道怎么做！

我知道
是什么！

我知道
在哪里！

我知道
为什么！

我知道
怎么做！